锦衣国色
长知识的汉服
纹样涂色线描集
李春姣 著 松鼠与鹅 绘
人民邮电出版社
北京
U0160245

图书在版编目（CIP）数据

锦衣国色 ： 长知识的汉服纹样涂色线描集 / 李春姣著 ； 松鼠与鹅绘. -- 北京 ： 人民邮电出版社，2023.3
ISBN 978-7-115-60118-6

Ⅰ. ①锦… Ⅱ. ①李… ②松… Ⅲ. ①汉族－民族服装－纹样－图案－中国－图集 Ⅳ. ①TS941.742.811 ②J522

中国版本图书馆CIP数据核字(2022)第190342号

内 容 提 要

我们的传统服装光辉灿烂，在几千年的发展中，形成了各个时代的特色，我们从中可以一窥昔日风华。早在几千年前的新石器时代，我国先民就开始运用纹样来表达对美的追求和对美好生活的向往。服装和纹样的结合，黑白之间便能令人感受到线条之美、设计之美。

本书作者从事艺术传播、传统文化研究和非物质文化遗产保护工作多年，梳理了从周代开始直至清代的具有代表性的汉服形制40种及传统文化中的纹样，由专业画师描摹成线稿。书中精致的线稿可供读者临摹、涂色和参考，介绍性文字可帮助读者了解汉服和纹样的知识，一举两得。

本书既适合喜欢绘画、纹样、汉服、传统文化的读者阅读、学习，也适合绘画专业工作者参考借鉴。

◆ 著　　李春姣
绘　　松鼠与鹅
责任编辑　魏夏莹
责任印制　周昇亮

◆ 人民邮电出版社出版发行　北京市丰台区成寿寺路 11 号
邮编　100164　电子邮件　315@ptpress.com.cn
网址　https://www.ptpress.com.cn
三河市中晟雅豪印务有限公司印刷

◆ 开本：787×1092　1/16
印张：5.5　2023 年 3 月第 1 版
字数：66 千字　2023 年 3 月河北第 1 次印刷

定价：49.80 元

读者服务热线：(010)81055296　印装质量热线：(010)81055316
反盗版热线：(010)81055315
广告经营许可证：京东市监广登字 20170147 号

写在前面的话

这是一本极简的古代服饰巡礼。

我们祖先的服装光辉灿烂，在几千年的发展变化中，不但形成了各个时代的特色，让我们能一窥昔日风华，还发展出一套关于身体的东方哲学，关于社会的礼仪典章。此外，从出土的实物和典籍记录中，能领略古人在纺织印染方面、材料加工方面显示出的卓越水准，也能体会古人对美好事物的不懈追求和源源不断的强大创造力。

中国的传统服饰样式繁多，在上衣下裳的基础上极尽变化之能事，积累了璀璨的时尚宝藏。不过由于丝麻棉毛不易储藏，留到今天的服饰实际上是极为有限的。我们参考了珍藏在各大博物馆里的古代人物画、壁画、出土的人俑、织物残片，力求处处有来源、有出处，希望能将当时繁华集于一身，以飨今日读者。服装在古代有比较严格的等级分别，社会地位越高，服装也越讲究、越繁复。为了更好地展现我国服饰达到的水平，我们精选了各朝代等级较高的服装，兼顾了男装和女装。

服装的流变不似朝代分野一般清晰，它在日用之中不断演化，逐渐才显现出所处时代的典型样貌，今日的服装也总带着些许昨日的痕迹。古时的审美和风韵也随时光流转到我们眼前，点缀了我们的生活。于是，各朝代的『汉服』着在今日身上，倘若合身，便十分和谐、婉约、英武，乃至飒爽。这大概就是凝结在物之上的中国气派吧！

服装之灿烂少不了色彩，中国人有传统的色系和色谱，大都和古人染料处理技术息息相关。其中一些颜色随时光凋零了，没能存住最光鲜的样貌，重新激活的任务就交给正在阅读的您了。虽然本书的点点滴滴均有出处，但并不妨碍您发挥想象，着手点染。我们相信，对时尚的热衷，古今未变，对美的追求和欣赏，更是亘古未变。

春姣　2023 年 1 月

肆

隋唐

伍

五代

目录

柒

明代

清代

陆

宋代

周代

西周

服装形制参考　西周玉雕人形

女性服饰

这件衣服分为上下两部分，上身是衣，下身为裳，我们现在叫的『衣裳』就由此演化而来。衣领、衣袖的地方镶着厚重的缘边。腰下系有一块上窄下宽的蔽膝，遮盖大腿到膝盖部分。民间的女性还会在腰间再系一方围裙，但只能遮蔽前身，长度在膝盖上方。《诗经》里『终朝采蓝，不盈一襜』的『襜』就是指女性的围裙。这种款式从商代就已经流行了，到了西周，民间女性依然这样穿着。西周时期，社会的等级制度逐渐完善，从天子到百姓，衣冠服饰各有等级差别，服饰逐渐被纳入『礼制』当中，开启了宏大的多彩历史。

战国

曲裾深衣

● 服装形制参考　战国彩绘木俑

战国时期，上衣下裳的服装形制发展成了一体长衣，后来被称为『曲裾深衣』。穿着时，里面穿中衣，外着曲裾深衣，腰系大带或革带。曲裾深衣由上衣、下裳分别裁剪后连接构成。下裳的门襟加长，可绕身体一周甚至几周。门襟为大襟右衽。袖子是大袖身小袖口。领子、袖口和下摆都装饰着缘边。

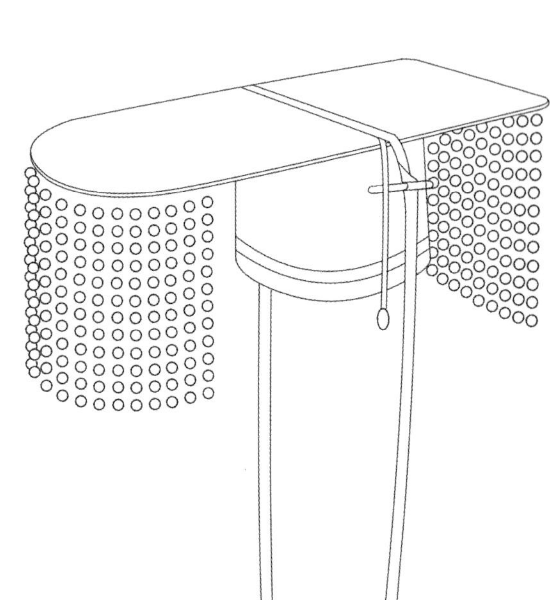

汉代

汉代

服装形制参考《后汉书·志·舆服下》

皇帝冕服

汉代初年由于连年战乱、国力有限，因此没有制定服制，基本上沿用秦朝旧制。到汉明帝时期（公元59年），重新制定了祭祀服饰及朝服制度，规定了冠冕、衣裳、鞋履和佩绶等。由于目前缺乏汉代冕服的出土文物，所以图中纹样权作示意。根据汉代服饰制度，帝王参加祭祀典礼时须穿戴冕冠和冕服。冕冠顶部为前圆后方的冕板，前后垂挂着冕旒。一组冕旒由十二排玉质宝珠制成。冕冠两侧各插一支玉笄，可以与发髻拴结。两侧的玉笄上系着丝带。冕冠上还有丝带垂至两耳处，末端各垂一颗珠玉。冕服分成上下两部分，衣为玄，裳为朱，另有蔽膝，通身织绣章纹。

西汉

女性长袍长襦服

服装形制参考　雕衣女侍俑

西汉的女性除了曲裾深衣之外，还有一种常穿着的实用服装——长袍。袍在汉之前便出现了，当时是一种续了棉絮的内衣。到了汉代，袍逐渐成为可以外穿的服装。汉代的长袍为交领，袖子宽大，袖口小，方便活动。长袍均过膝。领子、袖口等处常常装饰花纹。图中的长袍外面还罩了一件短衣，其类似于我们今天的外搭薄衫，当时叫作『襦』。这使得整体看上去层次更加丰富。

魏晋南北朝

魏晋南北朝

● 服装形制参考《北齐校书图》

文人纱帔

这个时期的士大夫喜欢穿有着宽广大袖的衫子，有单衫也有夹衫，通常由纱、罗、练、縠等十分轻薄的材料制成，花纹淡雅或素色，主要在夏季使用，也叫纱帔。衫子为对襟式，两襟之间有襟带相连，或者直接让衣襟自由垂下。衫子的袖口往往十分宽大。当时的士大夫穿衫子时都比较随意，有的甚至袒胸露乳。衫子里面一般会穿裲裆，即我们今天的背心。裲裆在汉代时属于内衣，到了魏晋南北朝逐渐显露在外，面料和纹样也渐渐讲究起来。衫子下的裤子十分宽松，裤腿肥大。与衫子一同在夏天使用，是用葛布制成的质地细腻的头巾。

魏晋南北朝

杂裾垂髾服

● 服装形制参考《列女仁智图》

魏晋南北朝时期有仙气飘飘的女性服装——杂裾垂髾服。其上身宽大，尤其是袖子，领子和袖口均有织锦缘边。下身为及地长裙，长裙上面还有层叠的三角形下摆的裙裾，叫『垂髾』。垂髾周围另饰有飘带。上衣和裙之间有一条围裳，用于将腰部束紧。人走路时，细长的飘带在身后蹁跹飞舞，令人宛若仙子。

隋唐

女性翻领帔子

● 服装形制参考 敦煌莫高窟第390窟壁画 隋代贵族供养人

隋代基本沿用了南朝梁、陈的制度，并没有大规模地改换服制。这里的翻领帔子也受到南北朝时期齐、梁风采的影响。帔子为窄袖，长至过膝，几乎到脚踝处。其最大特色是翻领的内外两面各有不同的颜色和装饰，十分考究。帔子之下，当时的女性多穿小袖的上衣，很短，也被称为缺襦。下身着长裙，裙腰提得很高，束腰及胸，有的甚至束至腋下。用丝带扎系后，长丝带悬垂在裙上。

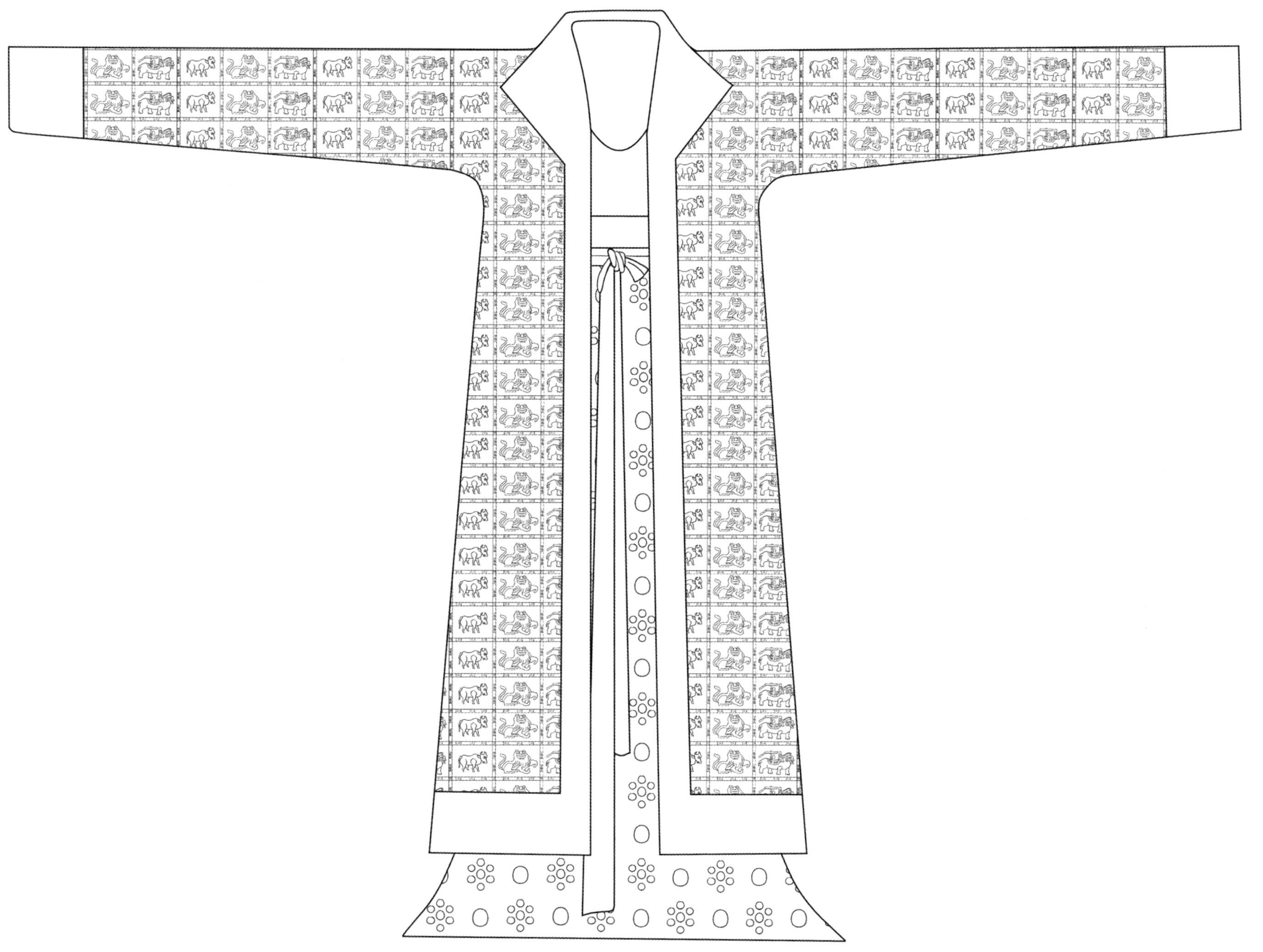

唐代

贵妇服饰一

服装形制参考《簪花仕女图》

这是中晚唐时期最为浪漫妩媚的服饰。女性上身不穿内衣，单着一件抹胸，将裙腰向上提到双乳之下，用华贵的锦带系住，以突显胸部线条。长裙曳地，显得人十分高挑妩媚。外面罩上一整身的轻薄罗纱，两只袖子宽宽大大。最后再搭上一条长长的帛巾，称为披帛。发型通常为高髻，插上金钗，再用簪子簪住一朵或数朵牡丹、荷花等大花，通身显露出高贵浪漫，仪态万千。

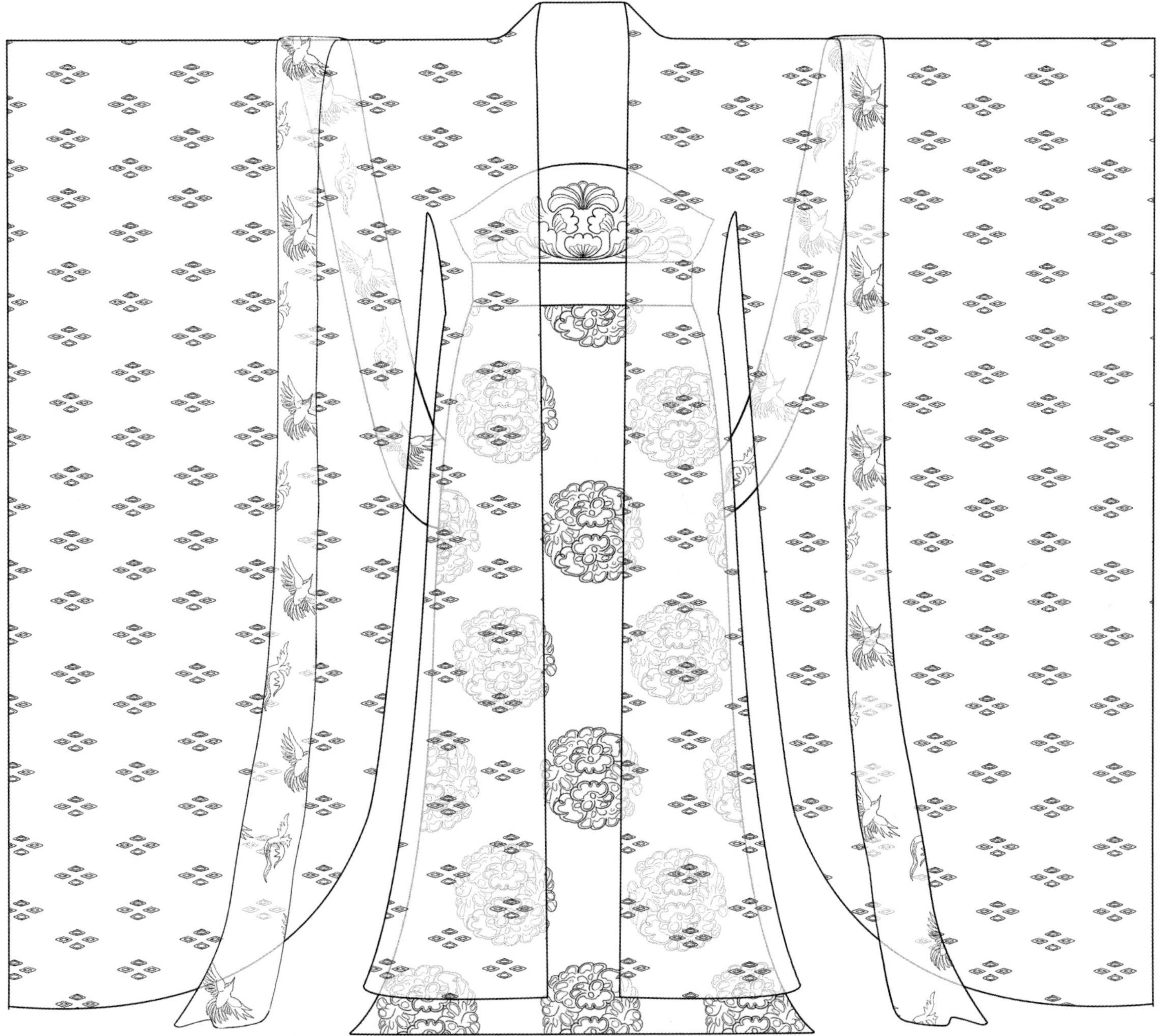

唐代

贵妇服饰二

●服装形制参考　绢衣彩绘女舞木俑

这件衣服参考的是出土于新疆的绢衣彩绘女舞木俑。木俑的头微偏，双手交叠，显得娴静端庄。她的头上梳着双高髻，面部点妆靥，双侧脸颊淡淡地抹了胭脂，额上描着鲜艳的花钿。她身着团花锦半臂、黄地白花绢制披帛，下穿红、黄相间竖条曳地长裙，是唐代女性明艳色彩喜好的直观展示。

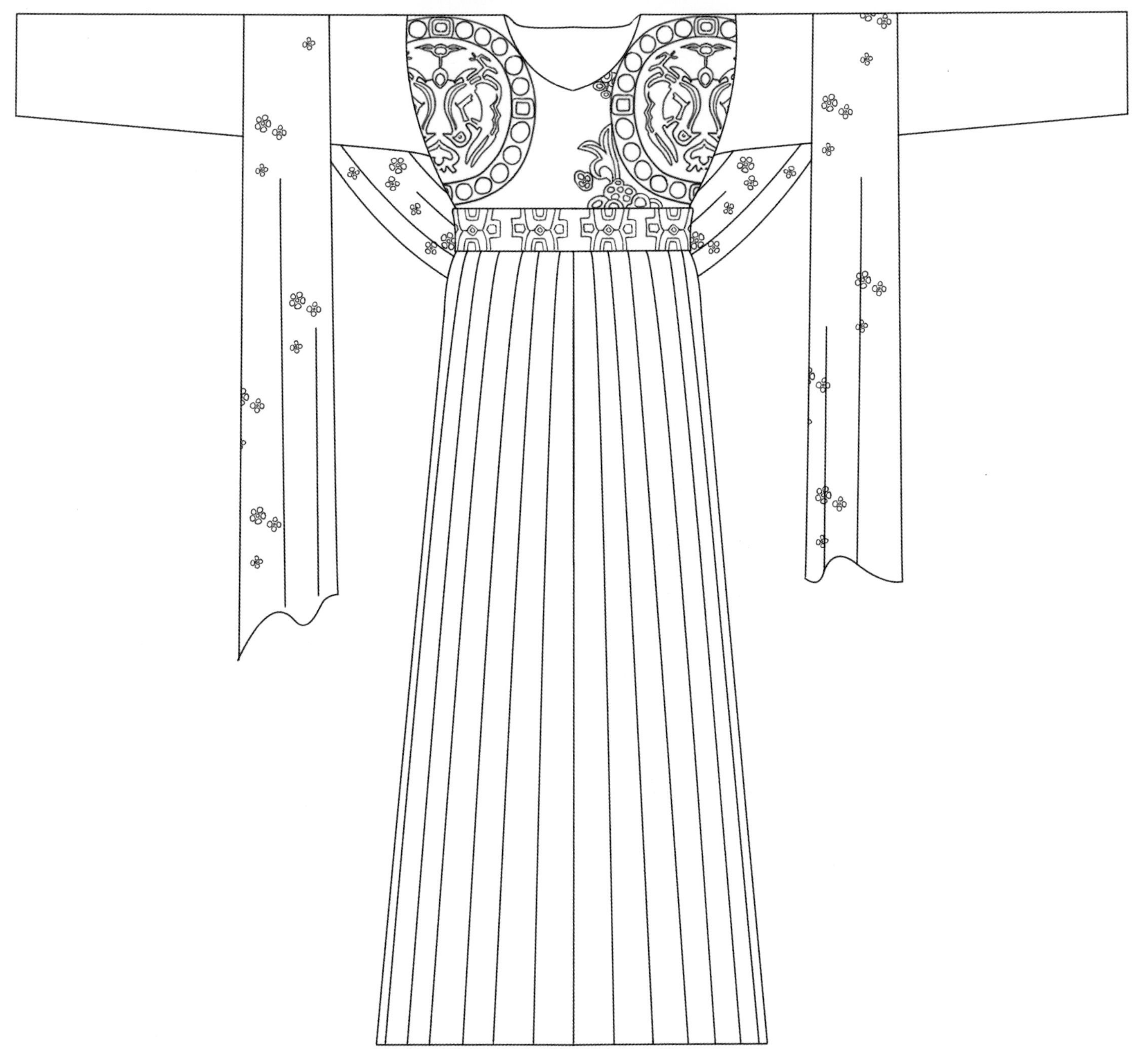

唐代

女性低圆领半臂条形裙装

● 服装形制参考　三彩梳妆釉陶女坐俑

这套裙装是初唐女性常穿的样式——上身是窄袖的短襦，外罩半臂，短襦和半臂都有深深的领口，也都束在下身着的长裙里。当时的裙腰很高，几乎提到腋下。腰间扎着丝带，既能固定裙装，又重新定义了腰身比例。穿裙装的女性梳着半翻髻，就是将所有的头发拢到头顶，扎紧以后再把头发向前或者向后翻折，形成一种高高的发髻，从而在整体比例上与下身垂地的长裙达到视觉平衡。精心建立的头身比例，使女性看上去修长飘逸又落落大方。

唐代

襦裙

● 服装形制参考 《捣练图》

襦裙是隋唐时期女性经常穿着的服饰。《捣练图》中有头梳高髻、插着梳子形簪子、额头上还装饰着金花钿的女性。她身着长袖襦衫，里面不穿内衣，用裙腰遮住双乳，将锦带系在双乳之上。襦衫让前胸袒露出来，下身为及地长裙，肩上搭着轻薄的披帛。襦衫上是缬染的花形，说明唐代的缬染技术已经非常成熟。

唐代

贵族女性盛装

● 服装形制参考　敦煌莫高窟第 103 窟　都督夫人太原王氏供养像

这套服饰参考敦煌莫高窟第 103 窟都督夫人太原王氏供养像。王氏为开元、天宝年间任太都督的乐庭环的夫人。画像中的人物身着盛装，上身为襦衫，外面套着半臂，下身为曳地长裙，披着长长的披帛。披帛搭在肩上，又从后背飘然垂下，显得十分华贵。脚上穿的是唐代典型的翘头履。唐代人戴的假发用木头制作，上面涂有黑漆，画上发丝发缕，这种假发叫作『漆髻』。王氏的发式就用了当时流行的蓬松义髻，即假发，使发髻显得高耸立体。

唐代

宫女服

● 服装形制参考

《内人双陆图》

这一身是典型的唐代宫廷婢女或女官的服装。长袍长及脚踝，圆领窄袖。为了方便行动，长袍的下半身左右两侧开裾，类似今天的旗袍。袍底再穿长裙。由于长袍是一体的，穿着时大概需要从头上套下，所以腰间系有腰带，多由皮革制成，显得人特别英姿飒爽。

舞伎服

唐代

服装形制参考　唐代彩绘陶俑

这是唐代舞女的『演出服』——内着窄袖上襦，下身穿长裙，外套织锦半臂，肩上有轻薄的披帛，胸前系着丝带结。唐代彩绘陶俑的发式是盛唐时期特别流行的单刀半翻髻，高耸的发髻偏向一侧，在顶端微微弯曲，整体造型就好像一把刀。这种发式要用到当时常见的义髻，整体造型完备以后，再嵌珠宝、花翠等饰品，斜插步摇。

唐代

破间裙

●服装形制参考《步辇图》

这身衣服的重点在裙子上。上身为窄袖短襦，肩有披帛，其花纹比较素净，使得衣服的重点都集中在裙子上。这是一条破间裙，也叫作花间裙，是由不同颜色的宽彩条拼接搭配而成的彩条裙。为了美观，女性的裙子从两色相间，逐渐增多到十几种颜色，以至于《新唐书·车服志》中记载，凡裥色衣不过十二破，即不准用超过十二种颜色制作破间裙。可以想象，当时风行大江南北的破间裙，构成的是一道道移动的彩虹。

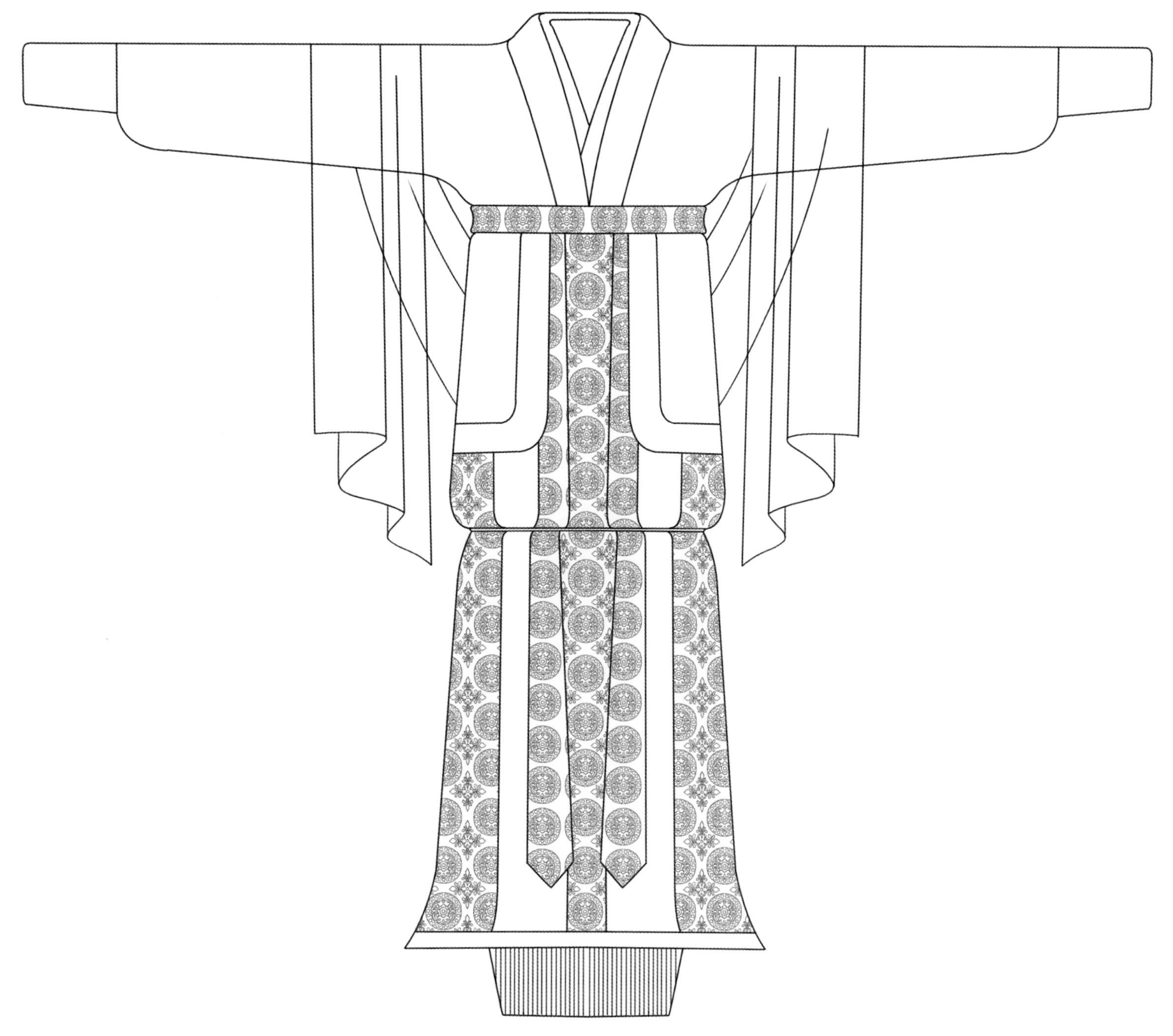

唐代

男子袍衫

● 服装形制参考 《步辇图》

隋唐时期男子的常服较为简约，为通身一体的袍衫，显得利落潇洒。唐代的男子扎头巾，被称作幞头，里面经常会增加一个支撑物，以便包裹成不同的形状。幞头系成之后，还余着两脚，有的下垂到颈部，有的向上反曲塞进结内。纱罗制成的幞头两脚柔软，叫『软脚幞头』。如果双脚内加入竹丝等材料作为骨，两脚就会微微上翘，称作『硬脚幞头』。长至脚踝的圆领袍衫为右衽、窄袖，膝盖处有一道横襕。袍衫内穿长裤，裤裆是缝合了的，称作『合裤』。唐代官袍根据颜色辨等级：三品以上为紫，四品、五品为绯（朱红），六品、七品为绿，八品、九品为青。没有进入仕途的男子普遍穿白袍。

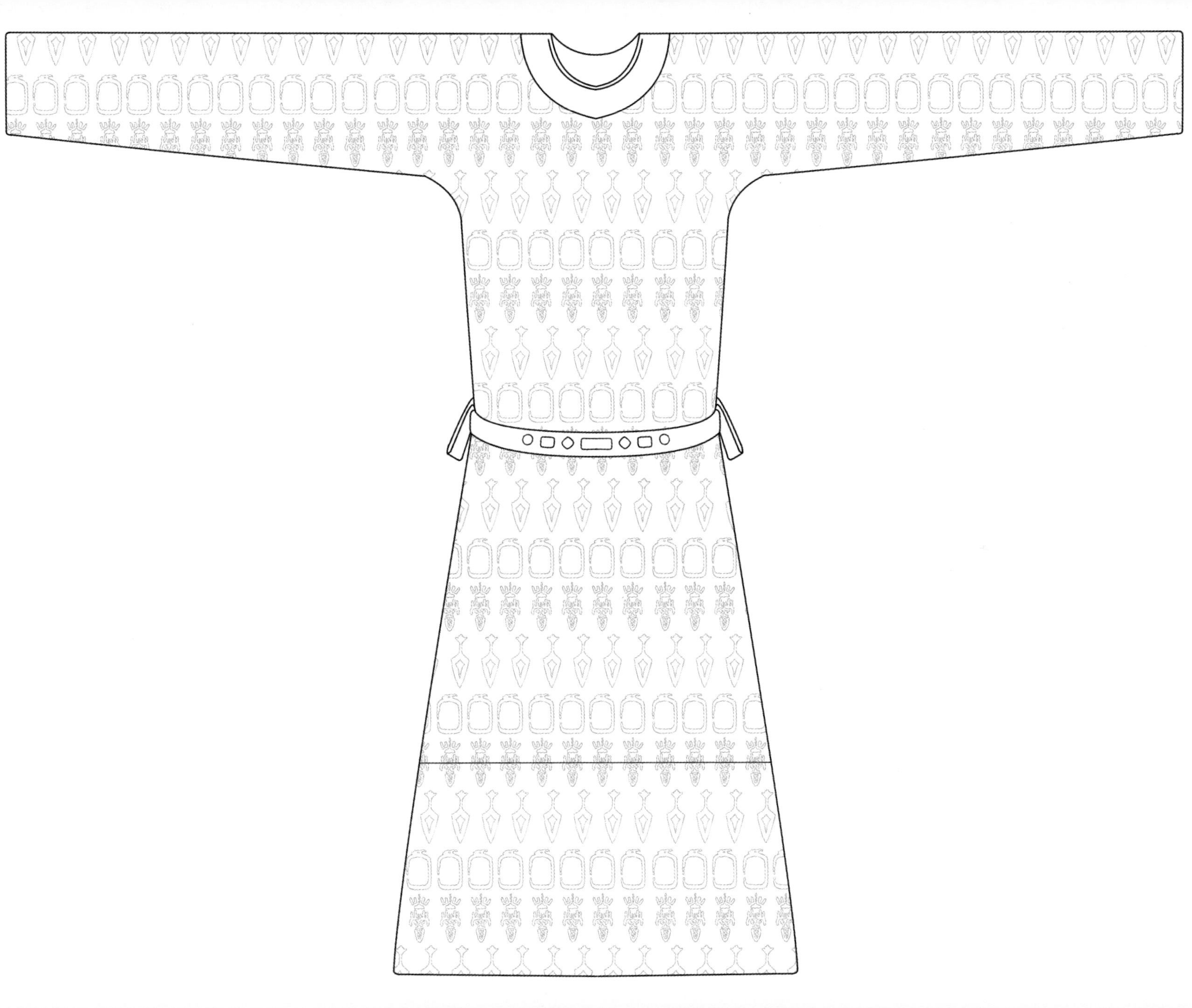

男子翻领长袍

唐代

● 服装形制参考　唐代男子陶俑

图为翻领窄袖长袍，领子、袖子、襟等部位都有华美的锦边装饰，腰间系着皮带。皮带上面还缀着许多小皮带，用来垂挂各种随身物品，被称作『蹀躞带』。官位等级越高，皮带的用料越讲究：玉石最优，其次是金、银、矿石、铜铁等。我们在《旧唐书·舆服志》里还能查到当时普遍使用的『蹀躞七事』，即腰带上悬挂的七件物品：针筒（竹筒）、刀子、佩刀、哕厥（解绳结的弯曲的锥子）、砺石、火石袋、契苾真（刻字的楔子）。

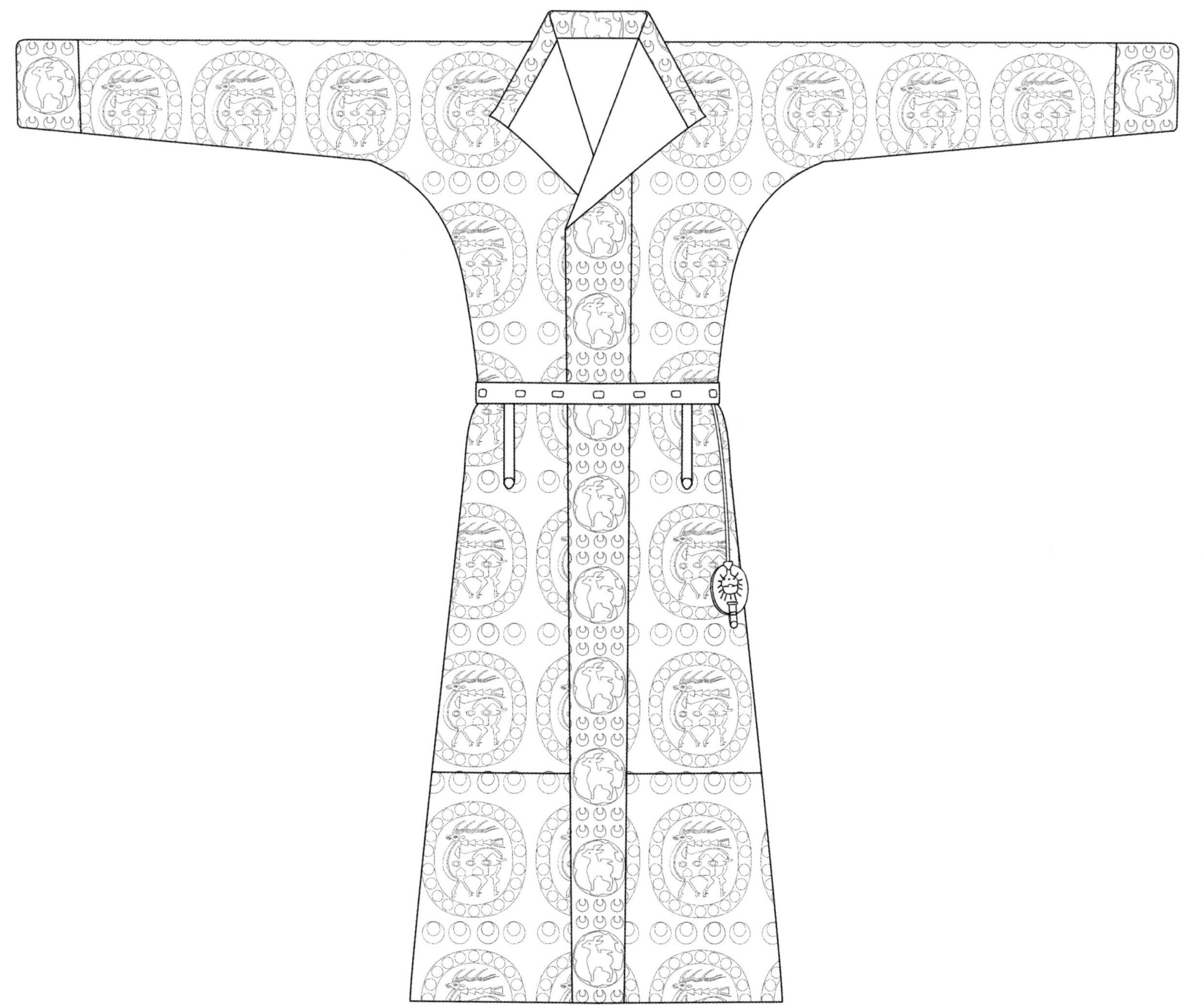

唐代 铠甲

● 服装形制参考 唐昭陵韦贵妃墓镇墓武士俑

唐朝铠甲种类繁多，可满足步兵、骑兵等不同军种的作战需要。我们常说的『唐十三铠』就来自《唐六典》中的记载，有明光、光要、细鳞、山文、乌锤、白布、皂绢、布背、步兵、皮甲、木甲、锁子、马甲等十三种。图中为赫赫有名的明光铠甲。头戴兜鍪，左右护耳的外沿向上翻卷，披膊有两层，下层为凶悍的龙首形。铠甲上半部分分成左右两半，前胸处的胸甲上缀有花纹，中间有圆形甲片。两片胸甲与后背的铠甲依靠皮带相连。胸甲之间有革带，向下连到横带中央。腹部由圆形护腹保护，上面束着腰带。腰带以下为两组膝裙，底下露出裲裆，小腿缚扎吊腿。由于胸前的圆形甲片在阳光下熠熠生辉，所以这种铠甲叫作『明光铠甲』。

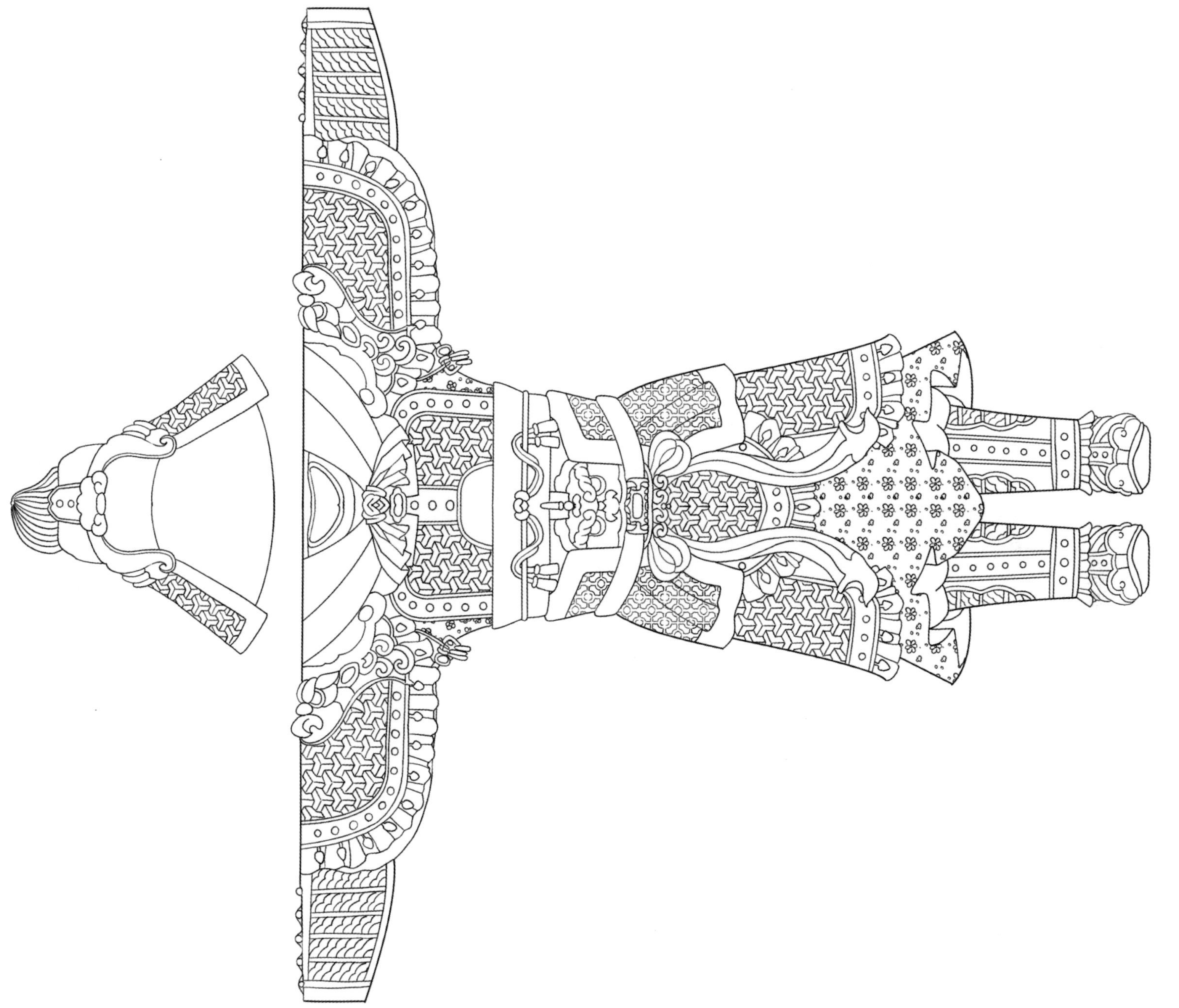

五代

五代

贵族女性服饰

● 服装形制参考 《引路菩萨图》

五代的女性服饰依旧沿用唐制。图中为女性穿着的宽袖对襟长袍，前襟在脚踝以上，后襟更长，随着裙裾拖曳在身后。长袍里面为短襦，下身为长裙，裙裾很长，走路时拖曳在身后。五代时期，束腰的高度比唐代略低。长袍外面搭配了一条宽大的披帛，使得服装层次感很强。当时的女性头梳高髻，戴簪花，整体形象端庄大方。

贵妇供养人服饰

● 服装形制参考 敦煌莫高窟98窟 五代供养人画像 故新妇娘子翟氏供养人

这是一套五代时期贵妇的盛装，颜色鲜艳，十分华贵。翟氏头梳高髻，头顶缀满了金钿和翠钿头饰。中间有插梳，上方为金叶步摇，两鬓处为金质花朵，旁出成对儿的金银发簪。翟氏面贴花钿，点丹唇。脖颈上戴着宝石珠串做成的类似云肩的装饰，叫作『诃梨子』，这是当时流行的装饰。上身内穿抹胸，下着长裙，抹胸外为宽袖襦衫。这一套服装用丝带束好以后，外披一件广袖袍，肩搭刺绣披帛。脚上穿的是丝质翘头履。女子穿此服出现在我们面前时，一定如云霞般灿烂。

男子襕衫

宋代

● 服装形制参考《文会图》

宋代是雅致讲究又随性飘逸的时代。当时的男子日常普遍穿衫，有紫衫、凉衫、帽衫、襕衫等。襕衫一般用白细布制成，圆领大襟，圆领里面还衬有护领。襕衫下摆处接横襕，腰间有褶裥，以腰带扎系，是士子常穿的服装。与剪裁简洁的服装形成对比的是男子的头饰。宋代男子的头饰非常讲究，祭祀典礼时使用冠冕，其他场合使用幞头。幞头在宋代主要指帽子，用纱罗制成，外面再涂上漆，叫『漆纱幞头』。后面的两脚有各种各样的形制，对应不同的场合和身份。宋代的幞头不只是黑色的，还有其他鲜艳的颜色。有时男子还在幞头上别花朵做装饰。

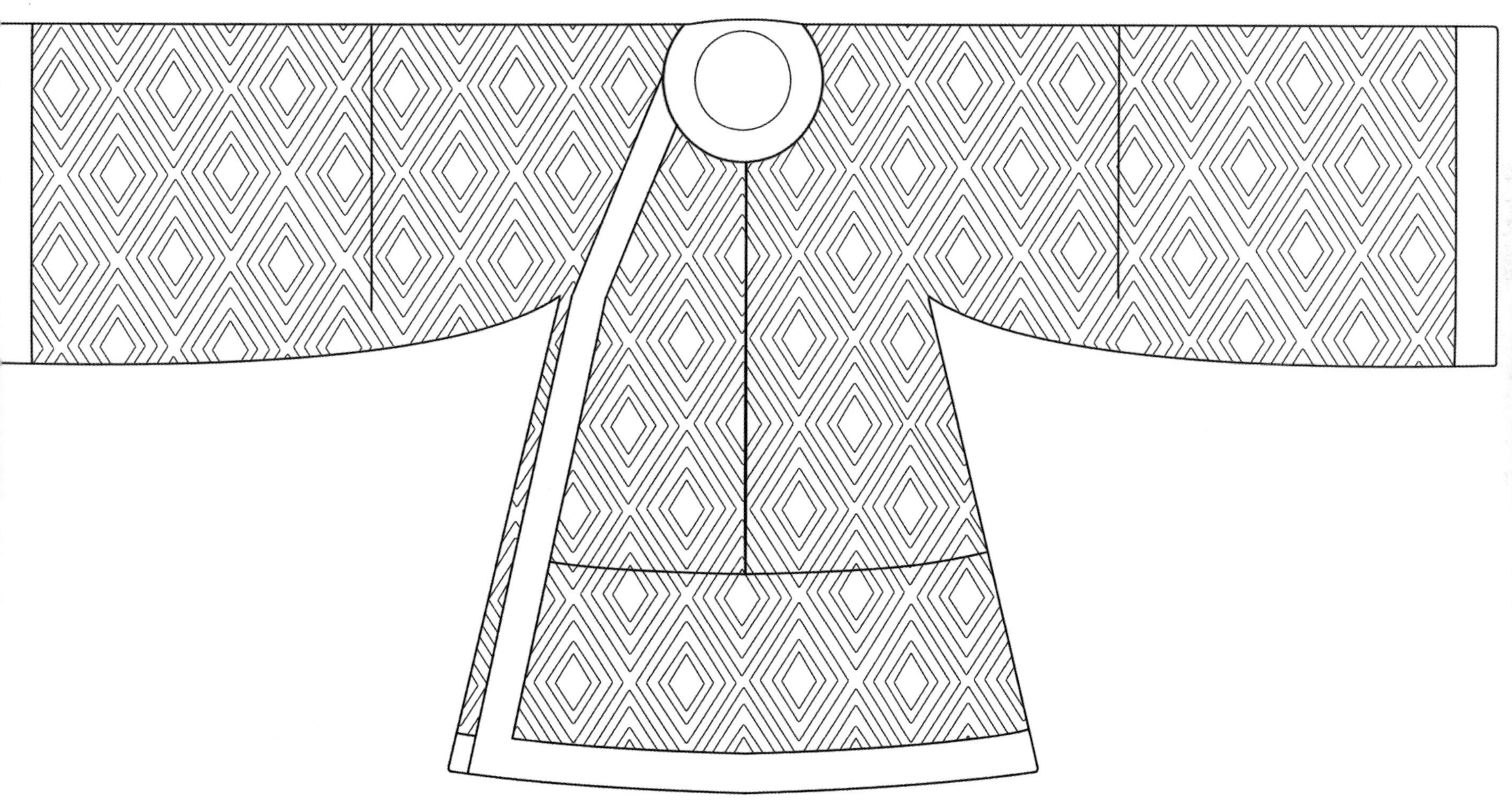

宋代

宫廷贵妇大衫

● 服装形制参考 宋宣祖昭宪皇太后杜氏画像

这是一身宋代宫廷贵妇穿着的大衫，为对襟直领广袖，大衫前襟长至过膝，后襟更长，拖曳在身后。大衫内的衣着依旧留有五代风貌，上身为无领窄袖襦衫，下身穿百褶裙，裙长及地。在大衫之上，还有华丽的装饰——霞帔。霞帔上绣着精致的禽鸟纹饰，皇后用龙凤纹。霞帔由前后各两条组成，前面下垂三尺多长，两条结合的尖端有一颗坠子。后背的霞帔比前面的略短，藏在大衫的兜子内。头戴点翠凤凰礼冠，冠的两脚向两侧平开，非常华美。

宋代

贵族妇女披帛盛装

● 服装形制参考 《娘子张氏图》

这是宋代命妇穿着的盛装，称『大袖』。上衣为直领，袖口宽大，领口和袖口都有较宽的缘边装饰。下身为曳地长裙，腰间系着大带。大袖之内是宽袖的中衣，无领。大袖之外还披着披帛，使人显得风姿绰约。头戴的冠梳，是宋代极有特色的一种装扮。当时的女性戴上漆纱做成的冠之后，在冠上左右插白角梳，有的白角梳长达三尺有余，进屋时甚至要侧面而入。当时的市面上还有店铺专门提供衔接梳子和为角梳染色的服务。

宋代

贵族妇女礼服

● 服装形制参考　维摩天女像

这件礼服内衬薄纱，外穿广袖衫，右衽交领，领口和袖口处都有缘边装饰。下身为百褶裙，腰系蔽膝，束锦带，配丝绦作为装饰。肩上披着披帛。贵妇头梳高髻，戴着珠翠头饰，面贴花钿。虽然我们通常认为宋代女性服装比前代更为简洁修长，但对于贵族的礼服，宋人却也十分讲究，其非常精致华丽。

宋代

女性褙子

● 服装形制参考《歌乐图》

宋代女性在重要场合穿华丽的礼服，日常则穿褙子。褙子类似于我们今天的大衣，对襟、直领，两腋开衩，长至过膝，有宽袖也有窄袖。穿褙子的时候，里面穿襦袄，下身穿裙子。由于褙子的剪裁比较简洁，穿上之后显得身材高挑修长，使得我们形成了宋朝女性身材薄削，有别于唐代女性的整体印象。

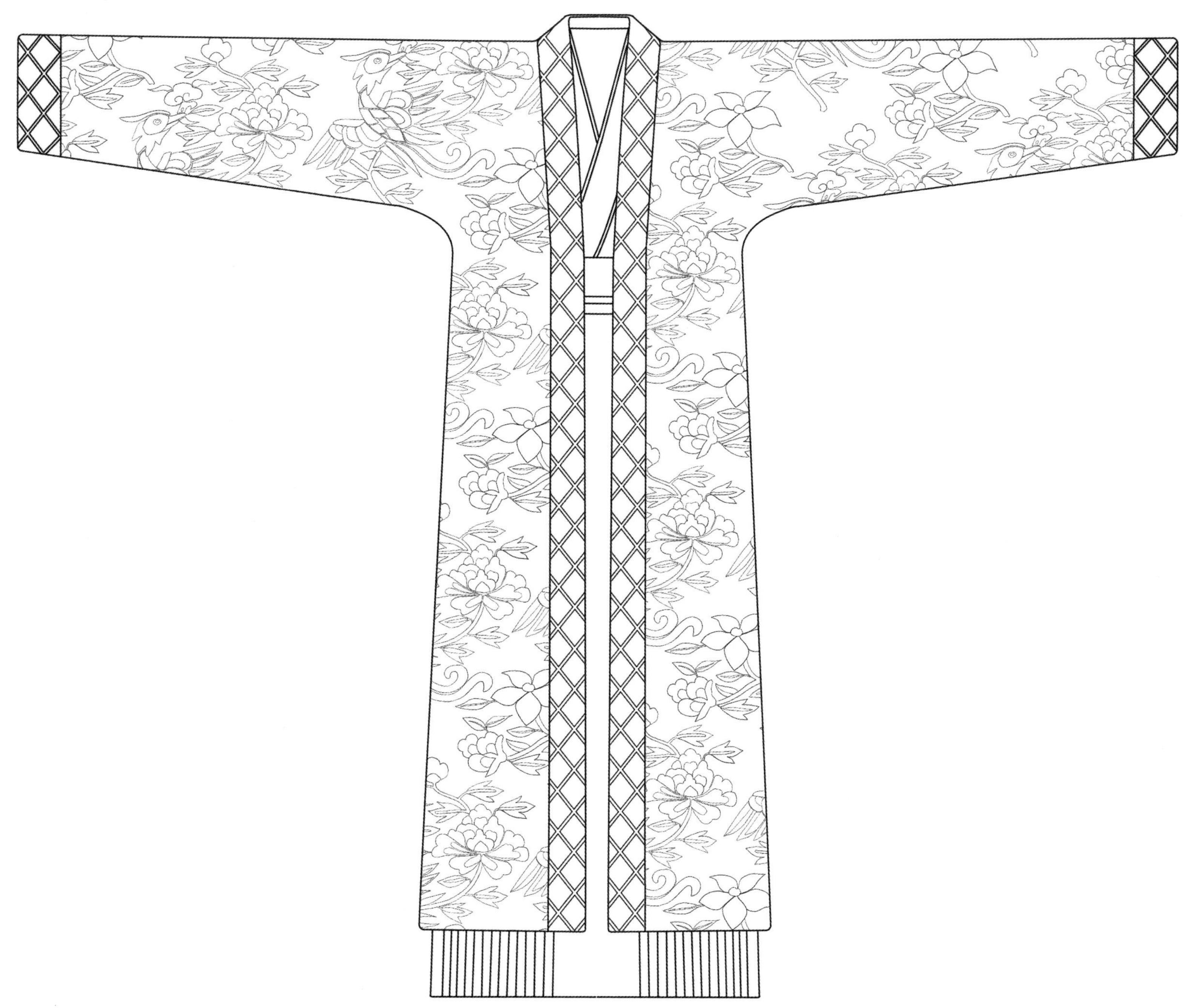

宋代

女性佩玉环绶

● 服装形制参考 山西晋祠圣母殿宋代侍女像

这套服饰是典型的上衣下裙，上衣为右衽窄袖，内衬薄纱，束腰位置比唐代略低，裙裾曳地，肩披长帛。宋代女性的腰间除了扎系腰带之外，还系着一组用丝线编织而成的丝绦。丝绦的下半部分串着一枚玉质圆环，玉环之下丝绦飘飘，这就是宋代宫女常佩的『玉环绶』。玉环绶作为装饰物，在视觉上有效地拉长了人体比例，并为裙裾增添了亮点。作为实用物，它可以压住裙裾，避免裙子随风飘起而影响美观。

宋代

广袖女衫

● 服装样式参考　南宋褐黄色罗镶印金彩绘花边广袖女衫

这件对襟、广袖、左右开裾的女衫，也是宋时人们常穿的样式。衫子的装饰富有特点，领缘、对襟处多是装饰的重点。衫子的左右两裾、袖口等处也都镶有花边。花边的活用使得整件衣服十分华丽，展示了宋代女性独特的时尚审美。

宋代

皇后袆衣

服装形制参考　宋仁宗皇后像

皇后头戴龙凤花钗冠，穿交领大袖的袆衣。龙凤花钗冠饰以金银珠宝，上面有各种花朵二十四支。袆衣是皇后在受册、朝谒景灵宫以及朝会等十分重要的场合穿着的礼服，为右衽、广袖，上有腰带扎系。袆衣为深青色，上面织着五彩雉纹，是最高等级的女性华服。

明代

明代

服装样式参考 暗条纹白罗长衫

道袍

道袍本来是道士穿着的，在明代演变为男子日常穿着的服饰。道袍通常是用绫罗绸缎制成，有单层的、夹层的、加绒的、加棉的等各种式样。道袍是大襟交领，袖子宽大，衣身左右开裾。前襟的两侧各接上一片内摆，然后将内摆打上褶子，缝缀在后襟的里侧，形成了暗摆。道袍有长有短，但普遍长至过膝。道袍的颜色比较素雅，大多是白色、灰色、褐色。

明代

● 服装形制参考 明代香色麻飞鱼服

香色麻飞鱼服

飞鱼服是礼服，是仅次于蟒服的一种二品赐服，只有受到皇帝恩赐的锦衣卫、大内太监在参与重大活动时才能穿着。飞鱼服分上身和下身，整体形制源自蒙古袍。上身为右衽，宽袖，在腰部位置中断。下身有明显的竖褶，长至过膝。飞鱼服由云锦中的妆花罗、妆花纱、妆花绢制成，绣有华丽的纹饰。飞鱼的图案往往过肩，极具气势。

明代

服装形制参考《燕寝怡情图》

女性褙子

明代女性穿着的褙子延续宋代制式，对襟、直领，前襟有缎带可系结，两腋开衩，下摆过膝。褙子的袖子有宽有窄。褙子里面一般上穿襦袄，下着裙。袄裙的颜色和褙子不同，搭配起来颜色更加丰富，层次感很强。

明代

女性比甲

● 服装形制参考

《燕寝怡情图》

比甲是一种没有袖子的对襟式衣服，对襟的中间有带子可供扎系，直领，左右开裾，整体样式类似于今天的马甲，只是比马甲长，下摆过膝。比甲采用的布料多为彩锦，比较厚实。穿比甲时，一般里面穿袄和裙，外面扎一条宽腰带，带尾留长，垂于一侧。

明代

女性水田衣

● 服装形制参考

《燕寝怡情图》

水田衣是一种亮眼的服装，在明末十分流行，当时的女性将它当作外衣。水田衣为对襟，通身一体，下摆过膝。它的衣料特殊，三五种不同颜色的布料纵横交错，大小不等、形状不一，就像水田一般，所以称作『水田衣』。虽然相传水田衣由袈裟演变而来，但到了明后期，富贵人家为了追求新奇华丽，有时会将整匹缎裁剪开来，再拼接，用于制作水田衣的色块。

明代

霞帔

●服装形制参考 《燕寝怡情图》

霞帔与大袖衫及褙子组成命妇礼服，在朝见皇后、祭祀等场合穿着。霞帔由两条罗带构成，罗带是由罗织物对裁再对折缝合而成的。两条罗带的一端被裁成斜的尖角，再将两个尖角缝合在一起，之后加上三条横襻，用来悬挂金玉坠子。两条罗带的另一端是平直的。两条罗带上还缝有扣襻和系带，用来与大袖衫领的两个纽扣相扣，以及在身后系起，从而将两条罗带固定住。霞帔的纹饰和颜色有着严格的制度规范。宫中贵妇可用红地金龙凤纹，其余用深青地。一品、二品命妇用蹙金绣云霞翟纹，三品、四品用金绣云霞孔雀纹，五品用绣云霞鸳鸯纹，六品、七品用绣云霞练鹊纹，八品、九品用绣缠枝花纹等。

明代

大袖衫

●服装形制参考　曹国长公主朱佛女肖像

大袖衫是宗室女眷和大臣命妇穿着的礼服，样式为对襟、直领、宽摆、大袖。站立时前身可触及地面，后身则更长，为的是跪拜时不会显露臀部。大袖衫背后缀着三角形的兜子，兜子底部与大袖衫缝合在一起，两个斜边有空隙，专门用来存放霞帔的后端。根据品级身份，大袖衫的装饰和衣料也各不相同。后妃可用大红色丝纱罗，大臣命妇可用真红色丝绫罗。

明代

女性襦裙

● 服装形制参考 《秋风纨扇图》

上衣下裳的传统在明代仍在延续。《秋风纨扇图》中为女性穿着的右衽长袖上衣，衣领处有装饰缘边。下身为曳地长裙，裙摆自然垂落。腰间覆一层短裙，用丝绦系牢，装饰着丝结。肩上搭着披帛，颇有唐宋之风。

明代

褶裙

● 服装形制参考 宁靖王夫人吴氏墓出土折枝团花裙

上身为对襟的褙子，双肩上佩有保护衫子的云头阁鬓，下身为褶裙，褶裙的许多褶裥从长至过膝的褙子底下隐约透出来。明代的褶裙起初为六幅，到了明晚期为八幅。面料的增加使得褶裙可以有更多变化和褶裥。褶裙分为两片，由两片布在中间位置交叠共腰而成，这使得裙褶排列得更加整齐有序。清代女性将这种组合方式沿用下来，并添加了许多刺绣装饰。

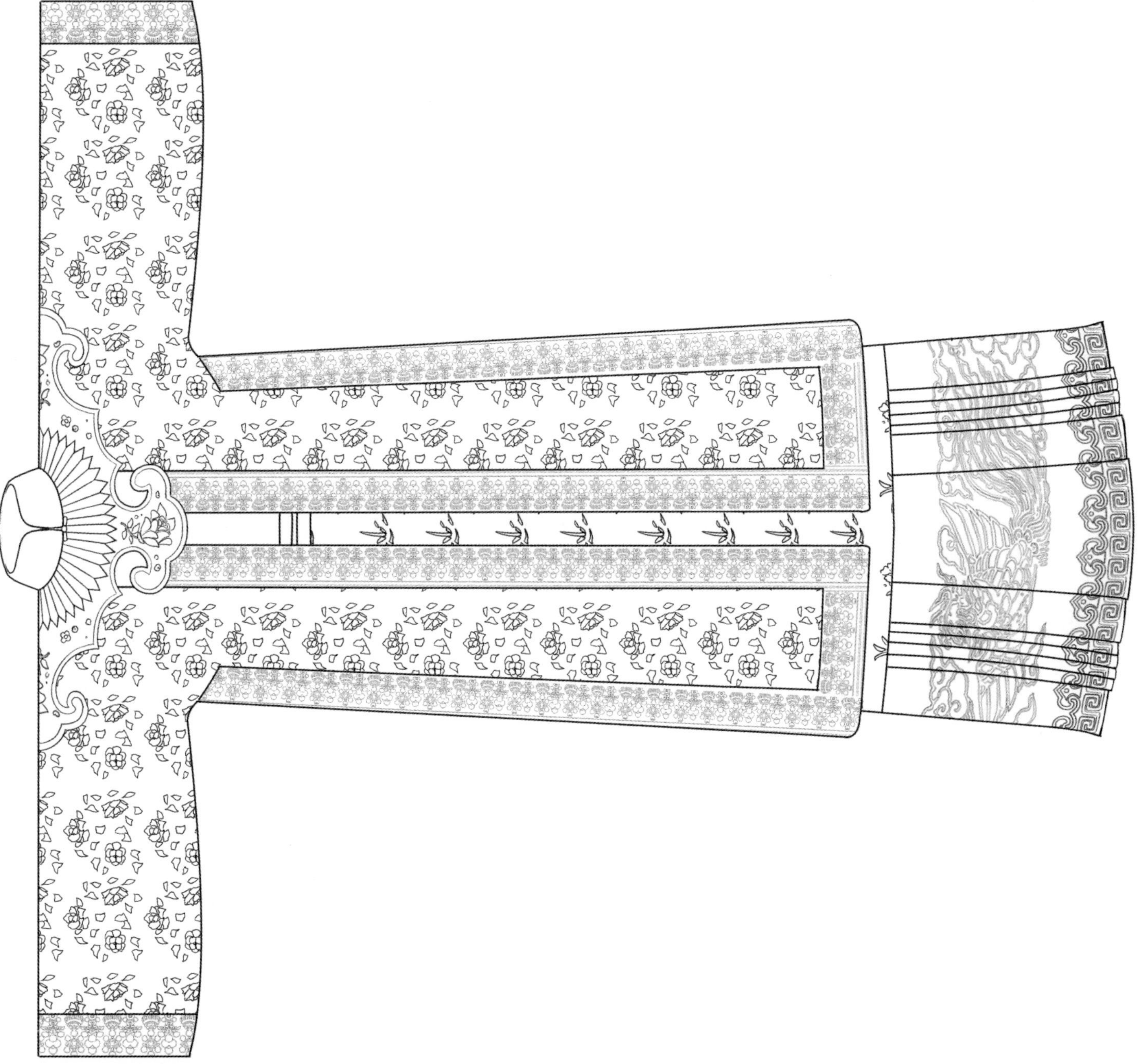

明代

盔甲

● 服装形制参考　明十三陵甬道武士像

明代盔甲种类繁多，有红漆齐腰甲、水磨柳叶钢甲、併枪马赤甲、抹金甲、鱼鳞叶明甲、火漆丁钉圆领甲等。图中的盔甲上身对开，胸背甲由甲带束缚，肩有披膊，腰带下有袍肚。明代盔甲的腿裙更加宽大，且加装了吊挂装置，实战骑马时可以有效保护腿部。在下马行动时，则把腿裙挂起一截，以方便步行。

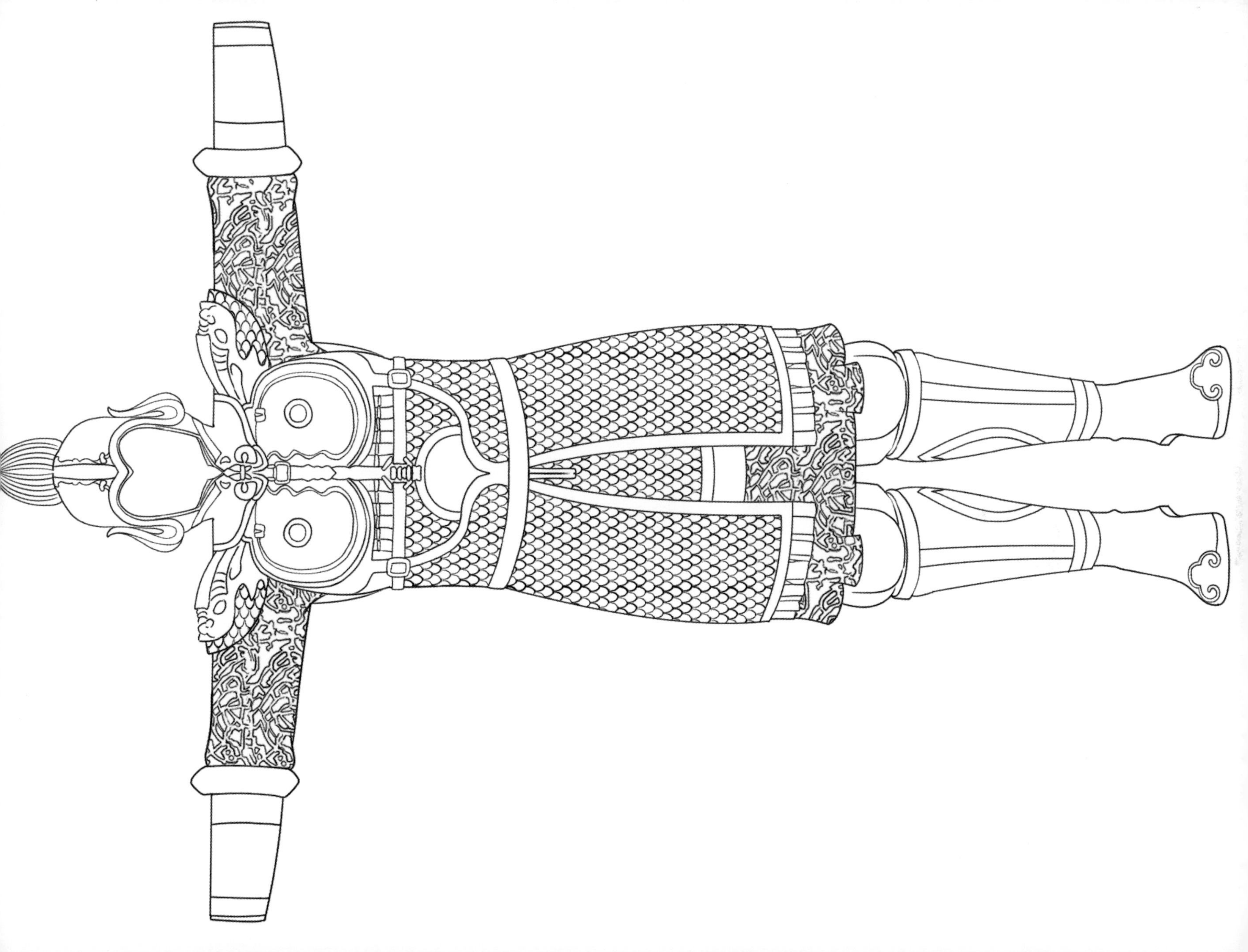

清代

绣衣绣裙

清代

服装形制参考　清代绣衣绣裙

清代的汉族女性依旧沿袭上衣下裳的制式。上衣为对襟或大襟，圆领，用纽扣绾结。清代前期的上衣宽松，衣长超过胯部。衣领、袖口处缀有花边，十分考究。下身为马面裙。明代时马面裙就已经出现了，清代的汉族女性依旧使用这种形制。四个从裙腰下垂至裙底边的长方形裙门是马面裙的特色。前后各有两个裙门，且两两重合，再在侧面打上褶子，就构成了汉族传统的裙式。

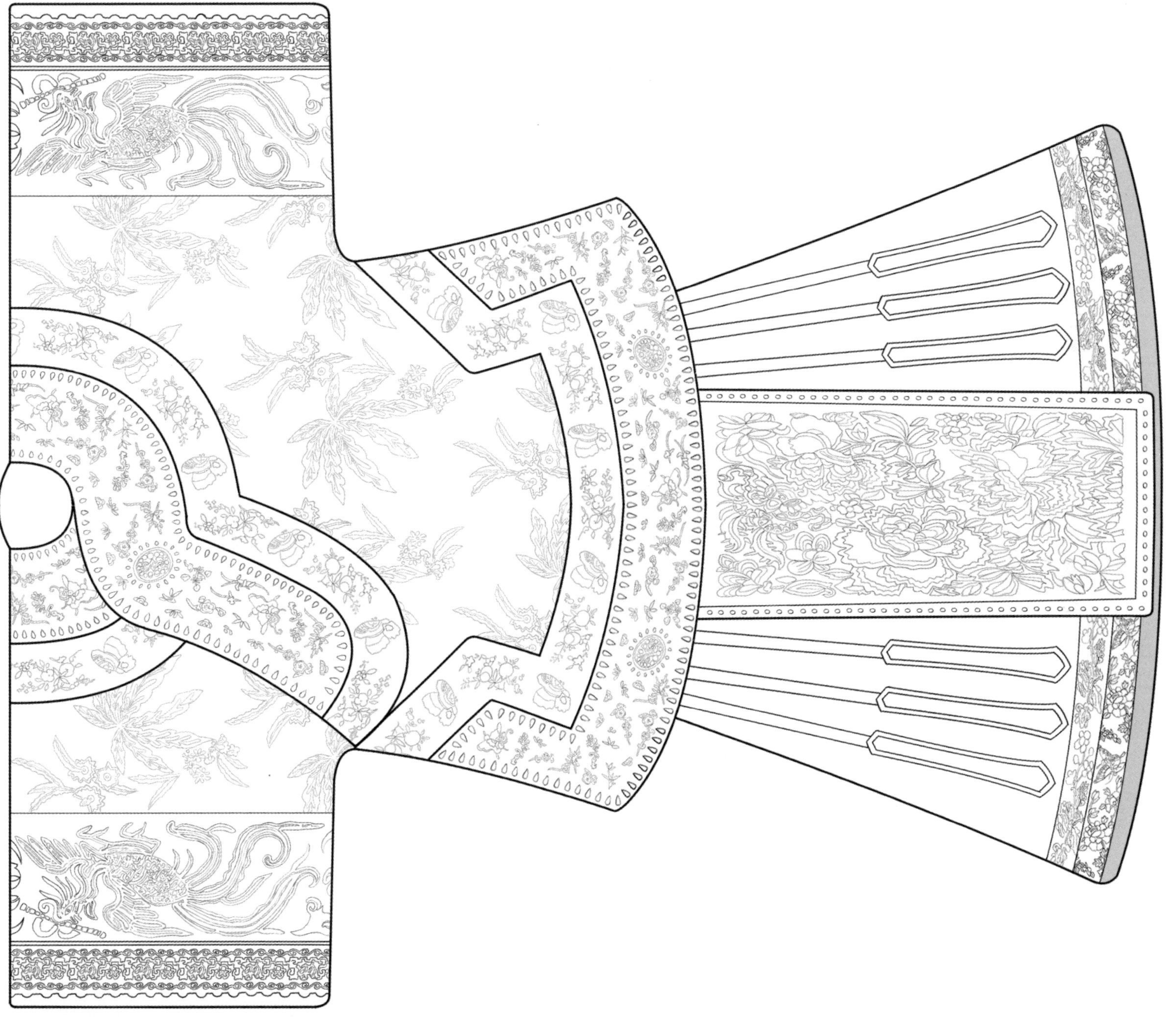

清代

凤尾裙

● 服装形制参考　清代女裙

清代凤尾裙上身为立领、右衽、大袖的绸袄。绸袄的领子下面镶着盘金如意，袖口、下摆、襟边镶着彩绣和盘金绣，前后身绣着人物团补。下身延用了明代的凤尾裙。将绸缎剪裁成彩条，每条彩条上都绣着华丽的花鸟纹样，两侧绣金线。彩条与彩条之间仅凭共腰相连，尾端裁尖，如羽毛一般。走起路来，丝带飘逸，闪闪发光，犹如凤尾。

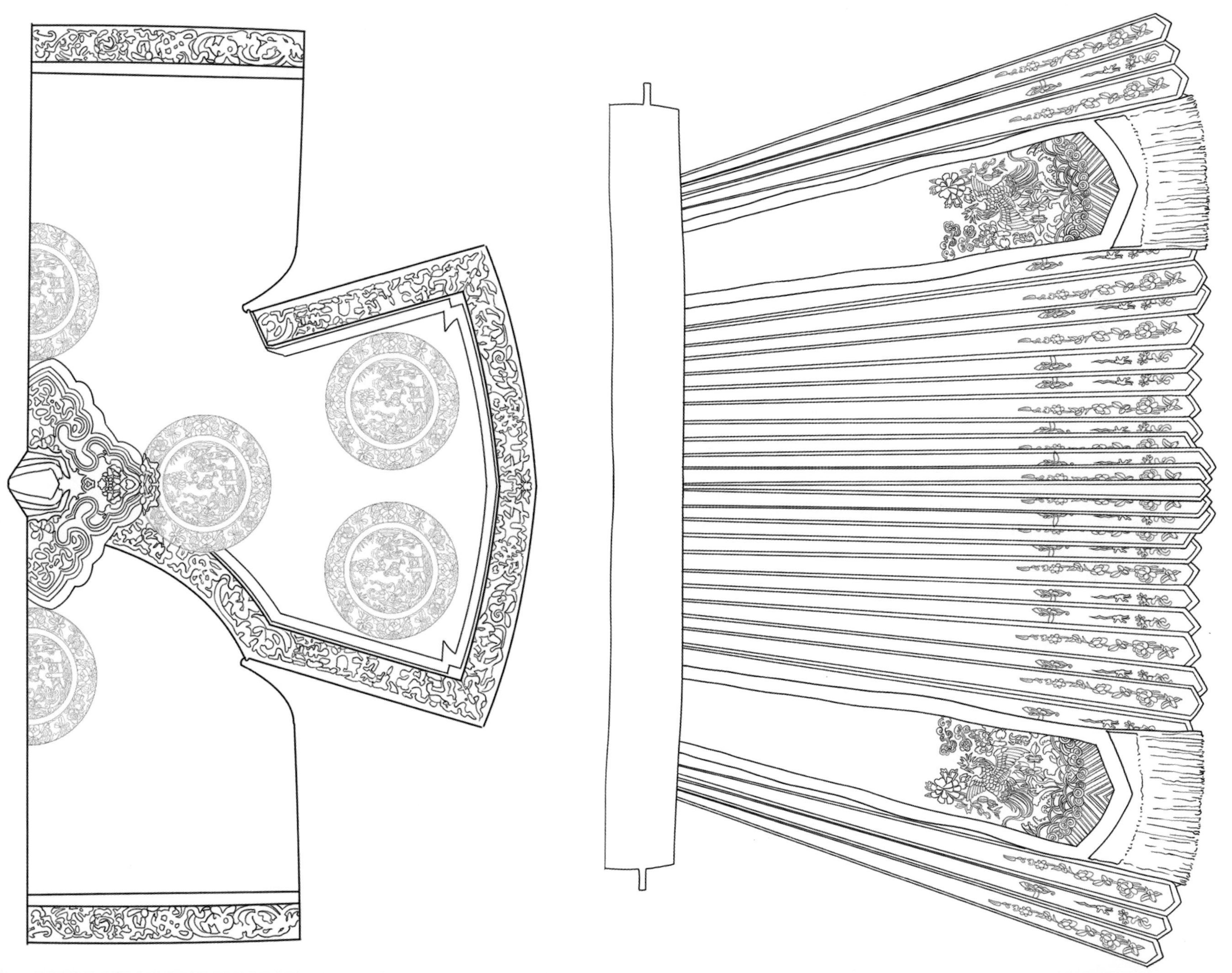